FIND PLEASURE IN BIRDS WATCHING

吴滢嘉　绘·著

民主与建设出版社
·北京·

图书在版编目（CIP）数据

乐在观鸟 / 吴滢嘉绘、著. —北京：民主与建设出版社，2020. 7
ISBN 978-7-5139-3111-3

Ⅰ.①乐… Ⅱ.①吴… Ⅲ.①鸟类—画册 Ⅳ.①Q959.7-64

中国版本图书馆CIP数据核字（2020）第115547号

乐在观鸟
LE ZAI GUANNIAO

绘　　者　吴滢嘉
著　　者　吴滢嘉
责任编辑　刘　芳
封面设计　中尚图
出版发行　民主与建设出版社有限责任公司
电　　话　（010）59417747　59419778
社　　址　北京市海淀区西三环中路10号望海楼E座7层
邮　　编　100142
印　　刷　天宇万达印刷有限公司
版　　次　2020年7月第1版
印　　次　2020年7月第1次印刷
开　　本　889mm × 1194mm　1/12
印　　张　5
字　　数　30千字
书　　号　ISBN 978-7-5139-3111-3
定　　价　46. 00元

序

因为爱，所以守护

鸟语花香一词总能让人联想到岁月静好的桃花源，而清晨窗外的清脆鸟鸣每每唤醒我们对新的一天美好的期望！

不经意和小白鹭在湿地公园的相遇，引发了我对鸟儿们的好奇。对于住在城市里的我们来说，鸟类可能是个模糊的概念——会飞、吃虫、叫喳喳的生灵。当我们渐渐靠近它们、观察它们，才发现鸟类的世界色彩斑澜，生动有趣。

每逢假日，我总希望空出时间，拿起望远镜，来到公园、湿地，亲近大自然，拜访鸟儿朋友们。先看书，再实地观察，回来后整理照片，比对资料，做观鸟笔记。

越多观察，就会想了解更多，鸟儿的食物、翅膀、鸟喙、鸟爪等，从好奇、观察、探究、喜爱，再到担忧和守护。

因为爱，希望守护。分享观鸟心得、鸟类小知识、鸟类对自然的贡献和生存现状，让更多的大朋友、小朋友通过我的绘本，走进鸟类五彩的世界，了解它们，喜爱它们。

让我们由爱而守护，守护鸟类，守护大自然！

吴滢嘉

2020.5.20

目录

认识鸟类

观各种各样的鸟

走近鸟儿

守护飞羽

认识鸟类

01 类别辨一辨

让我们先简单地认识一下不同鸟儿的种类吧！

中国的鸟类可以划分为六大生态类群：

游禽：善于游泳，趾间有蹼，如鸳鸯；

涉禽：嘴长，颈长，后肢长，通常在浅滩中捕食，如白鹭；

陆禽：善于在地面奔走，如斑鸠；

猛禽：善于飞翔，性情凶猛，嘴呈钩状，吃动物或腐肉，如鹰；

攀禽：善于攀援，如啄木鸟；

鸣禽：善于鸣叫，如山雀。

猜猜它们是什么种类的鸟呢？答案请在书中寻找吧！

A.绿头鸭

B.煤山雀

C.戴胜

D.黑翅长脚鹬

鸟类保护级别：

极危（CR）、濒危（EN）、易危（VU）、近危（NT）、无危（LC）。
（《世界自然保护联盟濒危物种红色名录》）

02 鸟类爱吃什么呢

鸟的食性很杂，它们吃的食物多种多样。不同习性的鸟的主要食物也会不一样。

食性

食谷鸟类

它们吃稻谷，麦粒、苞米粒等。

食虫鸟类

它们吃昆虫，多为鳞翅目害虫。

杂食鸟类

它们吃浆果、植物种子、水生植物、树叶等。

食肉鸟类

它们吃青蛙、老鼠、鱼虾，甚至小型鸟类等。

03 鸟儿的喙

鸟喙和它们所吃的食物有关联吗？

不同食性的鸟，它们摄取的食物不一样。

为了能够更快更多地获得食物，更好地适应周围的环境，不同食性的鸟类，其鸟喙的结构也会随之进化成不同的样子。

吃昆虫的鸟

它们的喙比较薄、短，能短平快地抓取小虫，如灰鹡鸰。

吃球果的鸟

它们的喙相互交叉，像一把剪刀，可以轻松地咬开球果的坚硬外壳，然后剜出坚果，如交嘴鸟。

吃鱼虾的鸟

它们的喙长而直，有利于它从水中猎取小鱼小虾，如翠鸟、白鹭。

吃植物种子的鸟

它们的喙呈锥形，宽大，有利于咬碎果壳，如蜡嘴雀。

吃肉的鸟

它们的喙强壮有力，上颌喙比下颌喙长，呈钩状，方便它们把杀死的动物撕成小块状，如鹰、伯劳。

吃水草、鱼虾的鸟

它们的喙长宽而扁平，喙的内侧有锯齿，利于排水过滤食物，如麻鸭。

吃花蜜的鸟

它们的喙细而长直，有利于它们从花朵中吸食花蜜，如蜂鸟。

正在一边飞行一边吃蜜的蜂鸟。它们翅膀的扇动频率非常高。

04 各样的足

不同类型的鸟类为适应相应的生活环境，它们的足形也发生了很大变化。

游禽类鸟

趾间有发达的蹼，善于游泳，如鸭、鸳鸯。

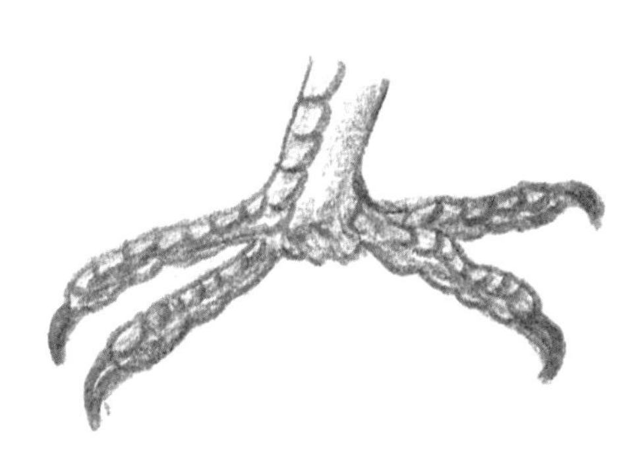

攀禽类鸟

两趾向前、两趾向后，善于攀接在直立的树木上，如大啄木鸟。

足形

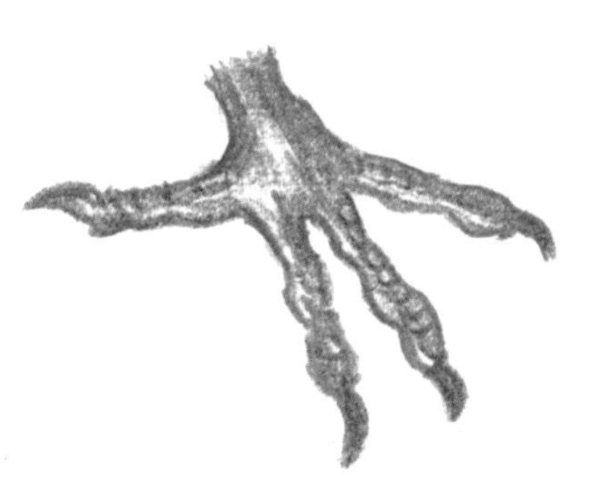

常态足

大部分的鸟类都是三趾向前、一趾向后，善于攀抓树枝。

雨燕

雨燕生命中的大部分时间都在飞行，它们甚至能在飞行的时候睡觉。这是因为落地会使它们轻易成为捕食者的目标。所以，它们的足也发生了退化。足部又小又短，四趾全部向前，不能行走，只能攀附。

05 不同的翅膀

鸟类的翅膀是鸟类的飞行器官，由羽毛（硬羽和绒羽）、骨骼、肌肉、血管等组成。为适应不同环境以及捕食习惯，不同鸟类的翅膀构造也会有很大区别。猫头鹰和游隼就是典型的代表。

猫头鹰：无声的捕食者

猫头鹰在夜间捕食，而夜间的树林尤其安静。它需要在不惊扰到猎物的情况下，静悄悄地实施抓捕，而它的翅膀起到了决定性作用。其翅膀最上层的羽毛十分柔软，羽毛上有天鹅绒般密生的羽绒，当猫头鹰在空中飞行时，就是这些柔软的绒毛起到了消音作用，让一般的哺乳动物感觉不到其飞行的声音频率。

可以帮助消音的绒毛

游隼：猛禽中的高铁

游隼的最高时速可以达到每小时300公里，时速堪比中国最快的高铁复兴号（时速为350公里）。

为什么游隼的速度这么快呢？翅膀也是原因之一。游隼的翅膀长、尖，而且狭窄，一旦展开可达到身长的2—3倍，尾羽较短。

06 鸟儿的育婴房

鸟巢并不是鸟儿的家，它们白天活动觅食，晚上并非回到鸟巢休息。大多数鸟儿只是在树枝上睡觉。

鸟巢是鸟儿们为产卵、育雏特别准备的临时育婴房。鸟巢可根据所处位置大约分为以下几类：

水面浮巢：芦苇和水草构成的浮在水面的漂浮物，如䴙䴘；

洞巢：在树洞中筑巢，如啄木鸟。

编织巢：雀形目鸟会用各种材料，树枝、树叶及羽毛等编织出一个碗状鸟巢，如乌鸫。

地面巢：在地面的凹坑铺上树叶或草，如穴小鸮。

唾液巢：由金丝雀用其唾液建成。人们也会食用这些唾液鸟窝——燕窝。

07 头戴“王冠”的鸟儿

孔雀是在动物园常常可以观赏到的一种羽毛绚烂美丽的鸟类。它们头顶长着像小扇子一样的羽毛。这种长在头顶的扇形或突起的羽毛被称为“羽冠”，像不像一顶王冠？

让我们来认识一下下面这四种头戴不同“王冠”的鸟儿吧！

戴菊 Goldcrest

戴菊的体型很迷你，体长只有9—10厘米。它们的头顶有柠檬色的羽冠，雄鸟的羽冠展开时就像一朵黄色的小菊花。它们的生命很短暂，有些寿命不足2年。所以，为了能让族群维持一定的数量，戴菊的产卵数量比一般的鸟类要多，平均10枚左右。戴菊真的是太不容易了！

皇霸鹟 Royal Flycatcher

拥有如此霸气之名的皇霸鹟，雄性头上的扇状羽冠就像一顶红艳艳的酋长头冠，颜色鲜艳华丽，其中点缀着一些小黑点。它们分布在亚马逊雨林地区。由于森林过度砍伐，皇霸鹟已被列入世界濒危物种红色名录。

萨克森极乐鸟

King of Saxony Bird-of-paradise

它们主要分布在太平洋新几内亚岛的热带雨林区。头上两根饰羽长达50厘米，饰羽由40—50片的旗帜状裂片组成，像不像京剧中穆桂英盔头上装饰的翎子——雉羽呢？

白梢冠蕉鹃 Knysna Turaco

它们主要分布在非洲森林中，绿色的羽冠边缘点缀着白色的羽毛，全身羽毛呈蓝紫色。它们喜欢吃水果，如香蕉等。

08 鸟儿眼中的世界

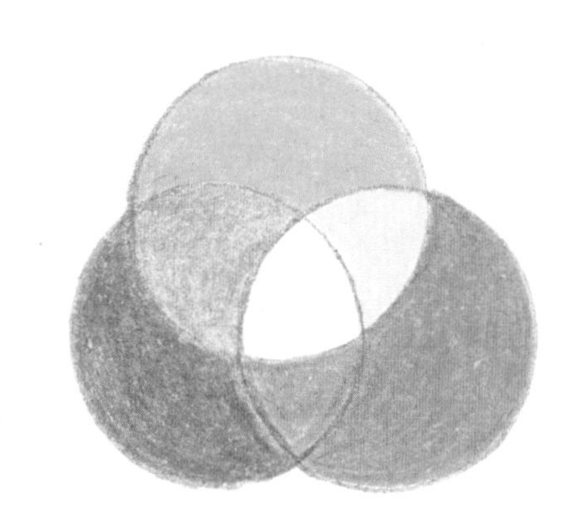

为什么人类眼中的世界是五颜六色，而非三颜四色、七颜八色呢？

据科学家研究，人类肉眼看到的颜色主要是由视锥细胞的视色素决定的。人眼的锥体细胞有三种，分别能感受红光、绿光与蓝光（注意，不是美术概念中的三原色，即红、黄、蓝，这里是指色光三原色）。外界的光波对这三种视锥细胞进行不同程度的刺激，就会形成不同颜色的组合。

· 人类视锥细胞 = 色光三原色

那么，鸟类和人类看到的是同样的世界吗？科学家的答案是——不一样！

大部分鸟类拥有四种类型的视锥细胞，除红光、蓝光和绿光之外，它们对紫外光也很敏感。鸟儿看到的世界较人类更加立体，能帮助它们在密林中自由快速地飞行、觅食。

· 鸟类视锥细胞 = 色光三原色+紫外光

人类眼中的雪铃花

鸟类眼中的雪铃花

灰鹡鸰

翠鸟

黑尾蜡嘴雀

珠颈斑鸠

白头鹎

乌鸫

小白鹭

棕背伯劳

暗绿绣眼

海鸥

喜鹊

黑水鸡

小鹀

黄腹山雀

加拿大黑雁

白天鹅

01 灰鹡鸰：讲义气的兄弟

《诗经·棠棣》有云："鹡鸰在原，兄弟急难。"意思是一只鹡鸰鸟困在原野，其同伴都急着来救它。因此，历朝历代都将鹡鸰视为手足情深的象征。

鹡鸰鸟也喜欢三五成群地活动，如果有一只离群，余者都会呼唤、寻找。果然是爱护同伴，很讲义气啊！

※ 英文名：Gray Wagtail
※ 俗名：张飞鸟
※ 主要食物：昆虫
※ 喜爱有岩石小溪边或有石块的滩涂湿地
※ 体长：170—200mm
※ 雀形目鹡鸰科

⇧ 摄影：吴滢嘉（动行社）

观鸟于上海市新江湾湿地公园

鹡鸰的颜色也有很多。

白鹡鸰，只有黑白两色，
像不像在看黑白电影？

黄头鹡鸰，头和腹部都是鲜艳
的黄色，比较容易识别。

灰鹡鸰

衔鱼翠鸟

唐・杨巨源

有意莲叶间，瞥然下高树。

擘破得全鱼，一点翠光去。

02 翠鸟：捕鱼小达人

普通翠鸟飞行速度极快，而且是直线飞行。如果是摄影新手，想拍到它的靓照可就不太容易了！它们的捕鱼本领可以用百发百中来形容。捕鱼时，它们会静静地站在水边植物上耐心等待，发现目标后，一个猛子直线扎入水里，利用它们长而有力的喙直接抓住猎物们——那些可怜的小鱼小虾。

⇧ 摄影：戴悦骞（动行社）

※ 英文名：Common Kingfisher

※ 俗名：鱼虎、鱼狗

※ 主要食物：鱼、虾

※ 常栖息于近水边的树枝上或岩石上

※ 佛法僧目翠鸟科

观鸟于上海市新江湾湿地公园

想一想 翠鸟尖尖的喙和它们的食物有什么关系？

诗经·桑扈*

交交桑扈，有莺其羽。

君子乐胥，受天之祜。

交交桑扈，有莺其领。

君子乐胥，万邦之屏。

* 蜡嘴雀古称桑扈哦！

03 黑尾蜡嘴雀：坚果吃货

黑尾蜡嘴雀的喙短圆且粗，呈蜡黄色。它们特别擅长吃坚果，利用有力的短喙咬碎果壳，吞入果肉，吐出果壳。蜡嘴雀不光会吃，还会发出连续的哨音和颤音，叫声响亮；经过训练，还可以进行表演呢！

※ 英文名：Yellow-billed Grosbeak

※ 俗名：梅花雀、梧桐

※ 主要食物：植物种子、果子，也吃昆虫

※ 体长：180mm

※ 雀形目雀科

观鸟于上海市后滩湿地公园

⇧ 摄影：吴滢嘉（动行社）

想一想 黑尾蜡嘴雀的喙为什么是这样的？

04 珠颈斑鸠：我们坚贞不渝的爱

珠颈斑鸠通常为一夫一妻制，是鸟类中的模范夫妻。成语鸠占鹊巢是指斑鸠侵占了喜鹊的鸟巢。这对斑鸠来说真是千古奇冤。鸟类学家发现，其实只是大杜鹃（俗称布谷鸟）等鸟类具有巢寄生的行为。而斑鸠只因叫声跟大杜鹃非常相似，所以古人误以为是它们占据了鹊巢，才出现了鸠占鹊巢一说。

※ 英文名：Spotted Dove

※ 俗名：野鸽子

※ 主要食物：以植物种子为食，有时也吃蜗牛、昆虫等小动物。

※ 体长：270—330 mm

※ 鸽形目鸠鸽科

观鸟于上海市后滩湿地公园、陆家嘴绿地公园

⇧ 摄影：戴悦骞（动行社）

关 雎

《诗经·周南》

关关雎鸠*，在河之洲。

窈窕淑女，君子好逑。

* 这里的雎鸠指的就是斑鸠哟！

05 白头鹎：农林小卫士

白头鹎生性活泼，结群于果树上生活。秋冬季以植物性食物为主，春夏季吃大量的农林害虫，如夜蛾、蝇、蝗虫、蚊子等，是自然界的光荣农林小卫士哦！

白头鹎并不是从小就有满头白发，刚出生的白头鹎头部羽毛呈灰绿色，随着年龄的增加，“白头发”就会越来越多。是不是有点像我们人类呢？

※ 英文名：Chinese Bulbul

※ 俗名：白头翁

※ 主要食物：昆虫、种子、水果

※ 体长：170mm

※ 雀形目鹎科

观鸟于上海市后滩湿地公园

⇧ 摄影：吴滢嘉（动行社）

花上白头翁

明·王绂

欲诉芳心未肯休，

不知春色去难留。

东君亦是无情物，

莫向花间怨白头。

06 乌鸫：情歌王子

乌鸫的叫声嘹亮动听，善于模仿其他鸟类的叫声，有百舌鸟之美称，是瑞典国鸟。

乌鸫在欧洲并不会被认为是厄运的象征。圣诞颂歌《圣诞节的十二天》中那句four calling birds（四只唱歌的鸟），即指乌鸫。

由于乌鸫的叫声优美，也因此会被人类捕捉。

※ 英文名：Common blackbird

※ 俗名：百舌鸟、报春鸟

※ 主要食物：蚯蚓等软体昆虫，也吃果实和种子

※ 主要栖息：林地或树林中，喜结群活动，较吵闹

※ 体长：210—300 mm

※ 雀形目鸫科

观鸟于上海市后滩湿地公园

一坨新鲜的乌鸫便便。
鸟类直肠很短，
不易储存粪便。

⇧ 摄影：吴滢嘉（动行社）

百　舌

唐·杜甫

百舌来何处，重重只报春。
知音兼众语，整翮岂多身。
花密藏难见，枝高听转新。
过时如发口，君侧有谗人。

乌鸫全身都是黑色羽毛，常会被误认为是八哥。还有一种仙八色鸫，像是穿上了彩虹色羽衣的小仙子。

绝　句

唐·杜甫

两个黄鹂鸣翠柳，

一行白鹭上青天。

窗含西岭千秋雪，

门泊东吴万里船。

07 小白鹭：洁白的小天使

小白鹭的身形纤细、全身雪白，趾为黄绿色，俗称黄袜子。远看，小白鹭就像身穿白色纱裙的小仙女。夏天，小白鹭的脑后长有两根“小辫”——矛状羽，肩和胸部会生长着细长的蓑羽，像极了下雨时渔翁穿的蓑衣。到了冬季，“小辫”和“蓑衣”就会消失。

※ 英文名：Little Egret

※ 俗名：雪客、黄袜子

※ 主要食物：鱼、泥鳅、蛙、水生昆虫

※ 栖息地多为水田、密林中高大树木顶

※ 体长：600mm

※ 鹳形目鹭科

观鸟于上海市新江湾湿地公园

⇧ 摄影：吴滢嘉（动行社）

08 棕背伯劳：雀中小老鹰

虽然伯劳鸟体型较小，但也属于肉食性鸟类。它们爱吃昆虫，甚至捕杀蛙、小鸟、老鼠等小型爬行和哺乳动物，所以有着雀中小老鹰的称号。伯劳鸟的黑色贯眼纹好像是戴着黑色的眼罩。

成语“劳燕分飞”中的“劳”指的就是伯劳鸟。伯劳和燕子都会随着季节而迁徙，所以在古人眼中就成了离别的代名词。

⇧ 摄影：吴滢嘉（动行社）

※ 英文名：Long-tailed Shrike

※ 俗名：胡不拉

※ 主要食物：以昆虫等动物性食物为主，性格凶猛，不仅捕捉昆虫，也能捕杀蛙或啮齿类动物

※ 体长：200—250mm

※ 雀形目伯劳科

观鸟于上海市后滩湿地公园、陆家嘴绿地公园

东飞伯劳歌

南北朝·萧衍

东飞伯劳西飞燕，黄姑织女时相见。

谁家女儿对门居，开颜发艳照里闾。

09 暗绿绣眼：樱花倩影

绣眼背部绿色，眼周环绕着白色绒状羽，形成很显眼的白眼圈，因此被称为暗绿绣眼鸟。虽然它的英文名直译为日本绣眼鸟，其实广泛分布在亚洲诸多国家。

绣眼为中国四大笼养鸣叫鸟种之一，却于历代文献中少有记载。幸运的是，从宋代开始，花鸟画中经常会出现绣眼那活泼灵动的身影。

可爱的暗绿绣眼和粉色的樱花可是绝配哦！

⇧ 摄影：戴悦骞（动行社）

※ 英文名：Japanese White-eye

※ 俗名：粉眼儿、相思仔

※ 主要食物：以昆虫为主

※ 主要栖息于阔叶林、果园等

※ 体长：100mm

※ 雀形目绣眼鸟科

观鸟于上海市新江湾湿地公园

暗绿绣眼鸟与樱花

10 海鸥：海岸小偷

海鸥是海上航行安全的“预报员”。如果它们贴近海面飞行，预示着天气晴朗；如果离开水面，高高飞翔，成群结队从大海远处飞向海边，或者聚集在港口、沙滩上，则预示着暴风雨即将到来。海鸥翅膀上的空心羽管和空心管状的骨骼就像小型气压表，能感受到气压的变化。

海鸥居然还有海岸小偷的恶名。它们不仅偷抢其他鸟类甚至同类的食物，还敢偷窃人类的食物，对薯条、冰激凌这样的现代垃圾食品更是来者不拒。

⇦ 摄影：吴滢嘉（动行社）

※ 英文名：Common Gull

※ 主要食物：小鱼、昆虫、软体动物

※ 主要栖息于海岸、河口和港湾

※ 体长：400—460mm

※ 鸻形目鸥科

观鸟于上海市浦东滨江大道边

雏鸟和成鸟的外貌区别还是蛮大的，不过海鸥妈妈是不会认错宝宝的。

鸥

唐·杜甫

江浦寒鸥戏，无他亦自饶。
却思翻玉羽，随意点春苗。
雪暗还须浴，风生一任飘。
几群沧海上，清影日萧萧。

11 喜鹊：报喜鸟

喜鹊俗称报喜鸟，老人常说“喜鹊叫喳喳，喜事来到家”。虽然没什么证据证明，但是大家还是比较喜爱喜鹊的。

据说喜鹊还能够预报晴雨。古书《禽经》中有这样的记载：“仰鸣则阴，俯鸣则雨，人闻其声则喜。”

※ 英文名：Black-billed Magpie

※ 俗名：报喜鸟、灵鹊

※ 主要食物：食性杂，主食昆虫、果子等，人类食物几乎无所不吃

※ 栖息于高大乔木的顶端，鸣叫声单调、响亮，为“喳喳”声

※ 体长：450mm

※ 雀形目鸦科

⇧ 摄影：吴滢嘉（动行社）

观鸟于上海市后滩湿地公园

喜鹊的巢主要是用树枝编织成的圆型巢，体积较大，容易观察到。

西江月·夜行黄沙道中

北宋·辛弃疾

明月别枝惊鹊，

清风半夜鸣蝉。

稻花香里说丰年，

听取蛙声一片。

12 黑水鸡：朴实无华不高飞

黑水鸡隶属于鹤形目、秧鸡科、黑水鸡属。人们普遍认为鹤形目鸟类的外形都是腿长、颈长，且一身仙气。其实，鹤形目鸟类并非都是丹顶鹤之类的大长腿，也有一些长相平平无奇的成员，比如说朴实无华的黑水鸡。

除非在危急情况下，黑水鸡一般不起飞，不作远距离飞行，常常贴着水面飞行，飞不了多远又落向水面或水草丛中。

※ 英文名：Common Moorhen

※ 俗名：红冠水鸡

※ 主要食物：水草、小鱼虾、水生昆虫等

※ 主要栖息于灌木丛、苇丛，多成对活动

※ 体长：240—350 mm

※ 鹤形目秧鸡科

观鸟于上海市后滩湿地公园

⇧ 摄影：吴滢嘉（动行社）

黑水鸡

13 小鹀：你是麻雀的亲戚吗

刚开始观鸟时，误以为小鹀是麻雀。二者外观确实有些相似，都属于雀形目。小鹀是鹀科，麻雀是雀科。

※ 英文名：Little Bunting

※ 俗名：花椒子儿、虎头儿

※ 主要食物：冬春季以草种为主，夏季以昆虫为主

※ 主要栖息于稀疏阔叶林，一般都是成群结对活动

※ 体长：115—150mm

※ 雀形目鹀科

观鸟于上海市江湾湿地公园

⇧ 摄影：吴滢嘉（动行社）

小鹀

14 黄腹山雀：呆萌的害虫杀手

黄腹山雀为中国特有鸟类，体型很小，能发出高调的颤音。成群活动，常常是10—30只站在枝头叽叽喳喳。我们只能借助高倍望远镜和相机来看清它们。别看它们身材娇小呆萌，却是对付害虫的一流杀手。

※ 英文名：Yellow-bellied Tit
※ 俗名：黄豆崽、黄点儿
※ 主要食物：以昆虫为主，也吃果实和种子
※ 主要栖息于高大的阔叶林或针叶林
※ 体长：90—110 mm
※ 雀形目山雀科

观鸟于上海市后滩湿地公园

黄腹山雀的亲戚煤山雀

⇧ 摄影：吴滢嘉（动行社）

红头长尾山雀

黄腹山雀

15 加拿大黑雁：我有一副暴脾气

黑雁是出色的空中旅行家。每年，它们都会从美国北部或加拿大南部飞往密西西比河流域过冬。黑雁的飞行速度很快，每小时能达68—90公里。如果我们在中国看到它，那必定是一只开了小差的“小迷糊”，被称为迷鸟。

加拿大黑雁脾气暴躁，领地意识很强，经常会攻击其他动物，甚至是人类，连大猩猩都不一定是它的对手。

※ 英文名：Canada Goose

※ 俗名：黑额黑雁

※ 主要食物：青草或水生植物的嫩芽、叶、茎等

※ 主要栖息：海湾、海港及河口，分布于北美

※ 体长：900—1000 mm

※ 雁形目鸭科

观鸟于波士顿

⇧ 摄影：吴滢嘉（动行社）

铭记：

幼雏们往往会把第一眼看到的生物视为妈妈。这是动物早期一种名为“铭记”的学习机能。

加拿大黑雁

16 白天鹅：华丽蜕变

天鹅多为一夫一妻制，相伴终生。由于天鹅的羽色洁白、体态优美、叫声动听、行为忠诚，东西方文化都将其视为纯洁、忠诚、高贵的象征，并以此为灵感，衍生出多种艺术形式，如电影、芭蕾舞剧等。芭蕾舞剧《天鹅湖》至今已经上演了130余年，依然深受观众的欢迎。

⇧ 摄影：吴滢嘉（动行社）

※ 英文名：Whooper Swan

※ 俗名：白鹄

※ 主要食物：杂食性动物，以水生植物的根、茎、叶，软体动物，昆虫等为食

※ 主要栖息在多芦苇的湖泊、水库和池塘中

※ 体长：1000—1500mm

※ 雁形目鸭科

观鸟于波士顿

天鹅的雏鸟——“丑小鸭”的独白：“虽然我现在灰扑扑的，总有一天，我会和爸爸妈妈一样漂亮帅气的！”

鹅赠鹤

唐·白居易

君因风送入青云，我被人驱向鸭群。

雪颈霜毛红网掌，请看何处不如君？

走近鸟儿

在哪里观鸟

观鸟小贴士

观鸟小笔记

『上海四大金刚』

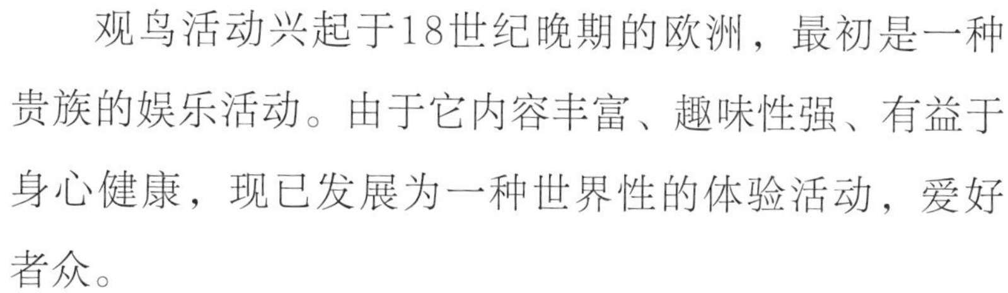

观鸟活动兴起于18世纪晚期的欧洲，最初是一种贵族的娱乐活动。由于它内容丰富、趣味性强、有益于身心健康，现已发展为一种世界性的体验活动，爱好者众。

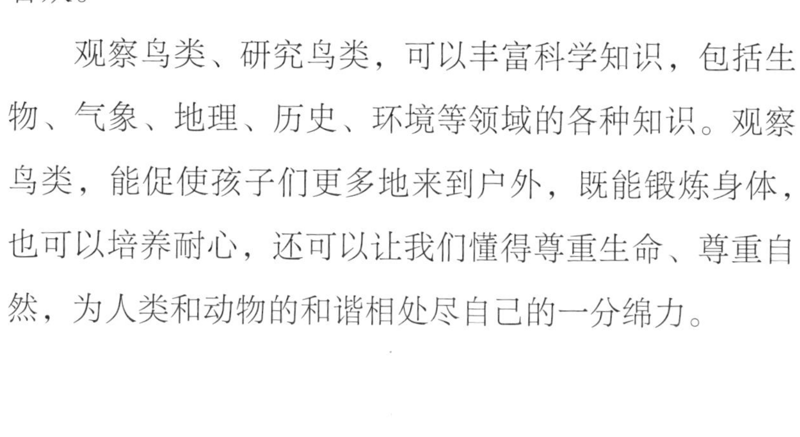

观察鸟类、研究鸟类，可以丰富科学知识，包括生物、气象、地理、历史、环境等领域的各种知识。观察鸟类，能促使孩子们更多地来到户外，既能锻炼身体，也可以培养耐心，还可以让我们懂得尊重生命、尊重自然，为人类和动物的和谐相处尽自己的一分绵力。

01 在哪里观鸟

业余爱好者可选择的观鸟地点有很多。仔细观察，身边的社区就有多种鸟类，如喜鹊、麻雀、斑鸠、八哥等。如果所在地附近恰好有湿地公园，就能带给鸟类爱好者更多的惊喜。以上海为例，城市湿地公园如新江湾湿地公园、后滩湿地公园、共青森林公园、世纪公园、崇明东滩湿地等，都是不错的观鸟胜地。

02 观鸟小贴士

听声识鸟　鸟类的身体较小，大多藏身于高大浓密的树林中，很不容易被看到。但是它们的鸣叫声却能传得较远。所以，新手观鸟者可以沿着鸟叫声找到它们的藏身之处，然后就可以用望远镜来锁定它们啦！

保持距离，轻手轻脚　大部分的鸟类都很胆小，一听到动静就呼啦啦地飞走了。

保护自然　不要用闪光灯拍鸟；不要抓鸟；不乱扔垃圾。

做好防晒　观鸟需要比较长的时间，小朋友最好能戴上遮阳帽，涂好防晒霜。

03 观鸟小笔记

每次观鸟都要做好笔记，记录时间、地点、天气，观察到的鸟类叫声、品种、外貌特征等。如果带了照相机，最好能拍下鸟儿们靓照存档。这样既不容易忘记，还能随手翻看、查阅、比对。

后滩湿地公园观鸟

2020年3月22日　天气晴

新冠肺炎让今年的春节都成为了居家隔离。经过2个月的居家，上海在3月底开放了公园。终于可以出门去观鸟啦！值得记念，2020年的第一次观鸟。

来到后滩公园，游客很多啊，都忍不住出来晒太阳了。今天除了看到平时经常会看到的蜡嘴雀、黄腹山雀、乌鸫，还在小池塘里第一次看到黑水鸡一家。虽然不是珍惜鸟类，第一次观察到，也十分高兴。

黑水鸡很活泼，在水塘里速度还挺快，就是不太爱飞☺

野生黑水鸡虽然数量较多，没有列入国家保护动物，但是也是受国家保护，不可以捕捉的！

04 “上海四大金刚”

这里说的“上海四大金刚”可不是大饼、油条、豆浆、粢饭团，不过早起去观鸟最好带上它们，以防肚子饿！哈哈！这里的“四大金刚”是指四种上海常见的益鸟，即斑鸠、白头鹎、麻雀和乌鸫。

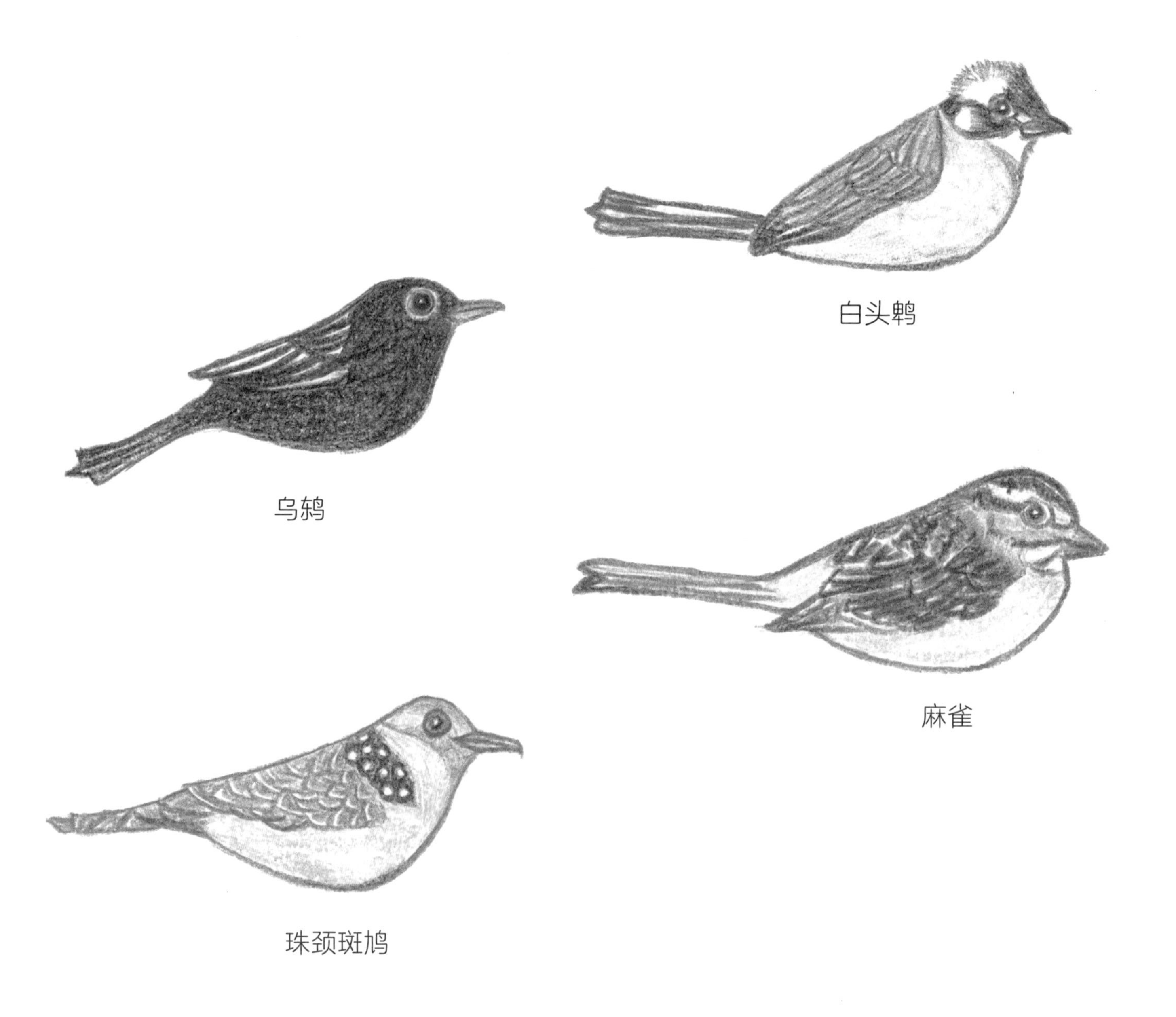

守护飞羽

鸟儿功劳大
危险重重
守护鸟儿

01 鸟儿功劳大

鸟类是地球生态环境和食物链中不可或缺的重要一员。它们可是保护环境的大功臣呢！

燕子、杜鹃等鸟类会在夏天捕食大量蚊蝇、蚜虫以及蝗虫。啄木鸟是公认的“林木医生”，为大树抓出侵害它们健康的害虫。

鹰类和猫头鹰是老鼠的天敌，如果任由鼠害泛滥，就会给农民带来巨大损失，老鼠所携带的病毒也是非常可怕的隐患。

还有那些大自然的清道夫。动物的尸体被称为腐肉，其中含有大量的细菌，若不能及时清理，就会造成疾病的蔓延。秃鹫和乌鸦等以腐肉为食物的鸟类能帮助大自然及时清理这些细菌垃圾，阻断疾病的传播，而它们自己则健健康康的，是不是很神奇呢！

鸟类在吸食花蜜的同时，也在帮助植物授粉。可爱的鸟儿们常会忘记吃它们收集到的植物种子，而那些种子很可能已经长成了一棵棵小树苗。就这样，鸟儿在不经意间成了一个个“植树小能手”。

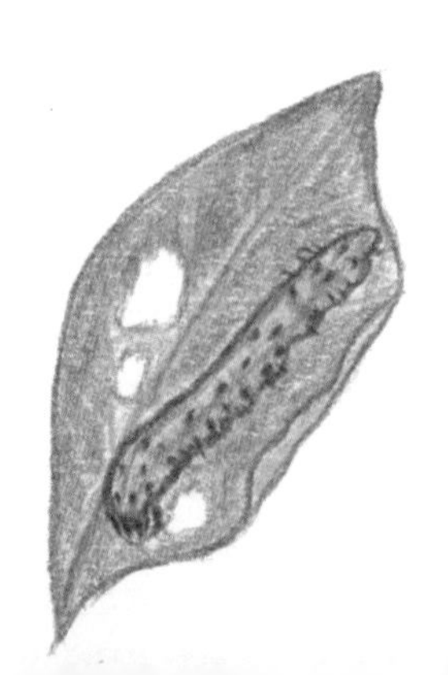

02 危险重重

虽然我们现在无法有深刻的体会，但鸟类的生存已面临着极大的威胁。据美国、加拿大两国科学家统计，近50年来，北美已经失去了30亿只鸟类，几乎占到总数的30%。那么，威胁鸟类生存的到底是什么呢?

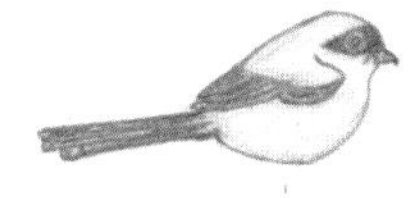

生存环境遭到破坏。森林的过度砍伐和开发，以及候鸟迁徙路上湿地环境的破坏和减少。试想一下，候鸟们在迁徙的路上突然发现原有的湿地休息区被破坏，甚至被高楼大厦所取代，它们当如何自处？极大的可能是，这些候鸟再也回不到家乡了。

人为对鸟类的捕杀。

广泛使用有害农药。有毒有害农药的使用会直接导致鸟类死亡；即便没有导致直接死亡，有害物质也会在鸟类体内积聚，对其繁殖能力产生极大的负面影响。一直处于鸟类食物链顶部的猛禽类也会因农药中毒，数量出现急剧减少。

人类垃圾没有得到善加处置，也会造成鸟类因误食而丧命。

03 守护鸟儿

鉴于人类的行为是造成鸟类生存环境恶化、数量减少的主要原因，保护鸟类的重责也必须由人类肩负起来，从我们每一个人、每一个细小的行为做起。那么，我们应该怎么做呢？

有序开发森林，杜绝过度砍伐。有砍伐，就要有补种！

保护候鸟迁徙途中的湿地栖息地。不要随意破坏或改建，即使需要改善湿地环境，也要和环境科学家一起研究探讨，切不可鲁莽行事，否则很可能适得其反，达不到预期效果。

不要捕猎野生鸟类，更不要食用野生鸟类！它们的归宿不应该是笼中鸟、盘中餐，而是在林间天际自由翱翔，尽情欢唱。

目前，很多国家已经立法禁止使用有害农药，鸟类的生存状况有所改善，但仍然任重而道远，加油！加油！

让我们一起观鸟，爱鸟，护鸟，做鸟类最亲密的朋友！

第2页答案：

A.绿头鸭→游禽　B.煤山雀→鸣禽　C.戴胜→攀禽　D.黑翅长脚鹬→涉禽